“贵州乡村振兴”书系获
贵州出版集团有限公司出版专项资金
资　助

“宜居宜业和美乡村建设”丛书

小厕所，大民生
——农村“治厕”管理

贵阳康养职业大学 / 编
陈嬝嬝　芮旭东　冯勇军 / 主编

·贵　阳·

图书在版编目（CIP）数据

小厕所，大民生 ：农村“治厕”管理 / 贵阳康养职业大学编 ；陈嫚嫚，芮旭东，冯勇军主编. -- 贵阳 ：贵州科技出版社，2023.7

（“宜居宜业和美乡村建设”丛书）

ISBN 978-7-5532-1265-4

Ⅰ. ①小… Ⅱ. ①贵… ②陈… ③芮… ④冯… Ⅲ. ①农村－公共厕所－改建项目－研究－中国 Ⅳ. ①TU241.4

中国国家版本馆CIP数据核字(2023)第226191号

小厕所，大民生——农村“治厕”管理

XIAOCESUO，DAMINSHENG——NONGCUN“ZHICE”GUANLI

出版发行 贵州出版集团 贵州科技出版社

地　　址 贵阳市观山湖区会展东路 SOHO 区 A 座（邮政编码：550081）

出 版 人 王立红

经　　销 全国各地新华书店

印　　刷 贵州新华印务有限责任公司

版　　次 2023 年 7 月第 1 版

印　　次 2023 年 7 月第 1 次

字　　数 46 千字

印　　张 2.5

开　　本 787 mm x 1092 mm 1/32

定　　价 12.00 元

“贵州乡村振兴”书系编委会

“宜居宜业和美乡村建设”丛书编委会

总序

“贵州乡村振兴”书系诞生于如火如荼实施的乡村振兴战略大背景之中，从立意、策划、约请作者、编辑书稿、整体设计，直至当前首批成果即将付梓，时间已过去三年。三年中，书系历经多次思路的调整和具体方案的修改，人事也多有变更，但书系所有参与者为乡村种植、养殖产业发展提供技术服务，为乡村生态文明建设提供价值引领，为乡村振兴取得新成果进行总结与宣传的“初心”，迄今没有改变。

编辑出版“贵州乡村振兴”书系，主要目的是让最前沿的科学知识和成熟的实用技术尽快转化为解决实际问题的要素和生产力提升的推进器。伴随着“贵州乡村振兴”书系抵达田间地头，实用知识和技术“飞入寻常百姓家”。在中国这样有着悠久历史的农业大国，农业科学技术日新月异，不断地推动着种植业、养殖业的发展；与此同时，我国是人口大国，为人民健康保驾护航的医学同样发展迅速。快速发展意味着科学知识、实用技术更新迭代的加快，只有使用最新的成熟技术和知识，才能为贵州产业发展、生态环保、健康生活提供保障，满足广大群众的期盼和渴求。书系中的各个板块，都力图将相关领域最新科学知识和技术化繁为简、化难为易，让阅读该书的广大群众尽快掌握和运用。

在形式上，书系以图文搭配、图文互彰的活泼形式，让严谨的科技知识更易被普通群众接受。书系的主要服务对象为活跃在田间地头的科技特派员、村里的种植户与养殖户（包括合作社、公司等负责人）、农村特殊人群（如患常见疾病的病人、职业病病人、孕产妇、老年人、儿童等）、驻守一线的村干部、返乡大学生、农技员等，如何将正确的理念、前沿的知识、优秀的技术“接地气”地传达给他们，经调查研究、试验、甄别，参考优秀“三农”图书，最终，我们采用科普读物、学术专著兼具，但对科普有所偏重的组织架构。其中，科普读物采用清晰明了的图片、图示配合简明易懂的文字这一出版形式：文字简洁，可以让读者直接抓住实用知识和信息，不走弯路，节省时间；清晰的图片、图示，既可将方块字、数据蕴含的信息可视化，又能丰富和补充文字信息，甚至能呈现由于文字自身的模糊性而无法清楚传递的信息。活泼的设计也有助于调节视觉疲劳和阅读节奏，让纯粹以获取知识和技能、解决问题和困难为目的的阅读不再枯燥乏味。此外，书系中大部分图书采用了口袋书设计，便于携带。

书系的作者，都是在相关领域有扎实的专业知识的。在种植、养殖板块，我们邀请了从事教学和研究多年的专家，以及长期深入田间地头指导具体操作的科技特派员和农技员；在健康板块，作者都从医多年，对于农村人群健康素养水平的提升、常见疾病的防治等经验丰富；在农村“五治”（治垃圾、治厕、治水、治房、治风）板块，我们邀请了从事规划和教学的专家……总之，书系作者既对自己研究的领域有扎实研究，又熟悉贵州的气候、资源禀赋、地形地貌等，与此同时，他们还十分了解这片土地上生活着的人们内心的期待和需求，有着以自身所学所研回馈这片土地的质朴赤子情，也有着“将论文写在大地上”的奋斗精神。

“贵州乡村振兴”书系目前包含“生态农村建设系列”丛书、“农村健康生活知识手册”丛书、“茶叶栽培加工技术手册”丛书、“特色中药材种植养殖技术手册”丛书、“林木作物、农作物种植技术手册”丛书、“畜禽养殖技术手册”丛书、“水产生态养殖技术手册”丛书、“农技员培训系列”丛书等。随着乡村振兴战略的实施，我们也将适时新增板块，以配合和助力贵州乡村振兴的强力推进。当然，虽名为“贵州乡村振兴”书系，主要是为配合贵州乡村振兴工作而策划，但也适用于国内其他部分省（区、市）。

贵州曾是全国脱贫攻坚主战场，当前则是全国乡村振兴战略实施的主战场，统筹城乡一体化发展的任务十分艰巨。

希望“贵州乡村振兴”书系的推出，可以切实助力于“新型工业化、新型城镇化、农业现代化、旅游产业化”目标的实现，乃至助力于全面建成社会主义现代化强国和实现中华民族伟大复兴。

是为序。

中国工程院院士

贵州大学校长

2023年3月

序

党中央、国务院高度重视乡村治理，对加强和改进乡村治理作出了一系列重大部署安排。2003 年 6 月，浙江启动了“千村示范、万村整治”工程，从治理农村环境入手，破解统筹城乡发展问题。党的二十大对建设宜居宜业和美乡村作出战略部署，为我们在新时代新征程深化“千万工程”实践指明了前进方向、提供了根本遵循。

“一个土坑两块砖”的老旧乡村茅厕，长期成为广大农民群众日常生活的“难言之隐”。2017年11月20日，《农村人居环境整治三年行动方案》在十九届中央全面深化改革领导小组第一次会议上通过。2018年9月，中共中央、国务院印发《乡村振兴战略规划（2018—2022年）》，明确提出：“实施‘厕所革命’，结合各地实际普及不同类型的卫生厕所，推进厕所粪污无害化处理和资源化利用。”2021年12月，中共中央办公厅、国务院办公厅印发的《农村人居环境整治提升五年行动方案（2021—2025年）》提出：“改善农村人居环境，是以习近平同志为核心的党中央从战略和全局高度作出的重大决策部署，是实施乡村振兴战略的重点任务，事关广大农民根本福祉，事关农民群众健康，事关美丽中国建设。”

随着农村“厕所革命”的陆续推进，卫生厕所不断普及，农村人居环境也得到明显改善。2022 年，贵州大力推进农村“厕所革命”，全省新建、改建农户厕所 22 万户，有力地提升了美丽乡村人居环境，带来了乡村文明新气象。

改善农村人居环境，没有完成时，只有进行时。如何充分调动村民参与改善农村人居环境的积极性，是把环境整治成果长期保持下去的关键。因此，什么样的厕所才能叫“卫生厕所”，如何进行农村厕所改造，如何在农村厕所改造工程中充分发挥农民群众的主体作用，怎么做到和做好农村公共厕所的长期管护……此类关键问题的答案，以及对相关政策的宣传，都需要在广大农民群众中进行普及。

该书从政策、技术、健康意识三大层面进行科学普及，希望能够帮助农民群众了解农村厕所改造工程的意义、目标和方法，以及如何建设和管护卫生厕所。让我们一起行动，共同推动卫生厕所的建设，助力农村“厕所革命”的实施，为切实改善农村人居环境、有力有效推进乡村全面振兴贡献一份力量。

2023 年 5 月

（雷苏文系中国疾病预防控制中心标准处处长）

目　录

第一篇

什么是农村厕所改造工程？

农村厕所改造工程究竟是什么？

农村厕所改造工程是把农村传统的旱厕改造成现代文明、无害化卫生厕所的一项普惠性民生工程。这项工程被称为“农村厕所革命”。围绕农村厕所改造工程开展的相关工作，便是“改厕”工作。

“改厕”这项工作不仅能补上农民群众生活品质短板，改变农民群众卫生习惯，维护农民群众身体健康，倡导文明风尚，而且能大大改善农村人居环境，为广大农民群众的生产生活方式、村庄面貌和村民风貌带来巨大变化。

农村“厕所革命”有意义吗？

“厕所革命”最先是由联合国儿童基金会提出的，是对发展中国家的厕所进行改造的一项重大举措。

厕所是衡量一个国家文明的重要标志。改善厕所卫生，建设卫生厕所，直接关系到广大农民群众的健康和乡村的生态环境状况。

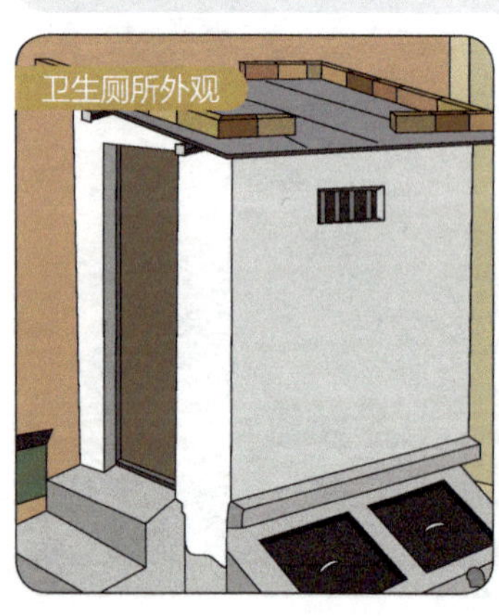

在我国，农村“厕所革命”是全面实施乡村振兴战略中的一场硬仗，事关广大农民福祉，体现现代文明水平。2018年以来，农业农村部、国家乡村振兴局会同有关部门，坚持好字当头、质量优先、分类施策、注重实效，指导各地切实抓好农村“改厕”这一民生工程。

所以，千万别小看这小小的厕所改造，里面可是包含着“大民生”呢！

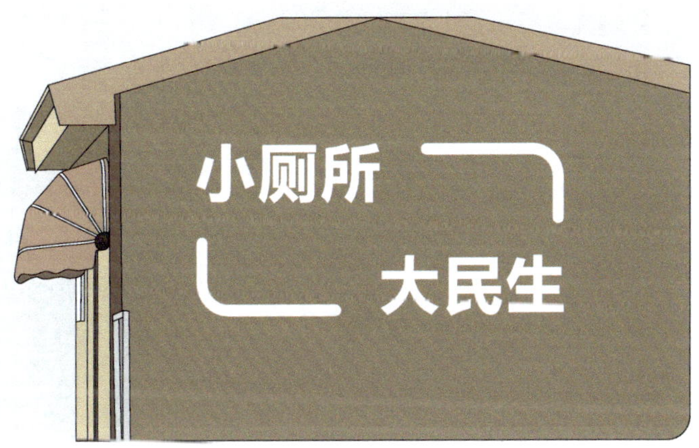

为什么农村传统的厕所不是卫生厕所？

我国农村常见的传统厕所，俗称“茅厕”，主要是旱厕，即没有水冲的厕所，或定时出水冲的厕所。

旱厕大多不是卫生厕所，但水冲厕所也不一定就是卫生厕所。

要成为卫生厕所，需要同时满足两个条件：

★ 粪污不存在暴露和渗漏。

★ 粪污进行了无害化处理。

要达到什么标准才能叫卫生厕所?

卫生厕所的标准是“四有三无一处理”：

★ “四有”，指厕所四周有墙，上方有顶，墙面有门窗，外部有化粪池。

★ “三无”，指厕所环境无蝇蛆、无臭味，化粪池无渗漏。

★ “一处理”，指对粪便进行无害化处理。

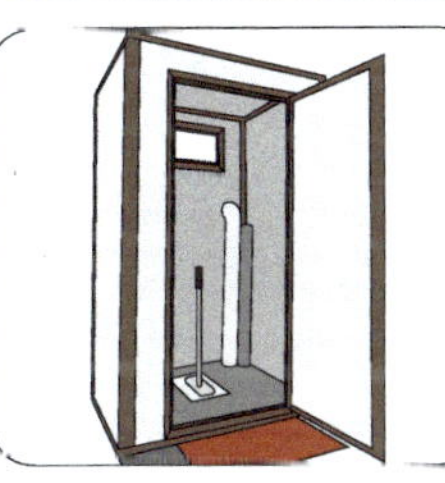

新中国成立以来，我国开展过哪些农村厕所改造工作？

新中国成立以来，党中央和各级政府一直都很重视农村“改厕”工作，曾多次推进农村厕所改造，如今这项工作仍在持续进行。

我国一直很重视农村“改厕”工作。

★ 20世纪50—60年代

以粪便管理为主，开展爱国卫生运动，推行农村“两管五改”（“两管”指的是管理饮水和管理粪便，“五改“指的是改良水井、厕所、畜圈猪栏、炉灶和改善环境卫生）工作，改善农村饮水水源和厕所卫生，消灭血吸虫病。

★ 20世纪70年代末至90年代初

以粪便无害化为主，参与联合国国际饮水供应和环境卫生十年活动，出现“双瓮漏斗式厕所”“三格式厕所”，基本确立了“卫生厕所”的概念。

★ 20世纪90年代至21世纪初

以卫生厕所建设为主，开展重大公共卫生服务农村“改厕”项目，提高农村卫生厕所的覆盖率和无害化率，建立农村“改厕”统计年报制度。

★ 2001—2010年

以无害化卫生厕所为主，制定《中国农村初级卫生保健发展纲要（2001—2010年）》，实施中央转移支付农村“改厕”项目。

★ 2011—2016年

以无害化卫生厕所为主，制定《“健康中国 2030”规划纲要》《“十三五”卫生与健康规划》，实施重大公共卫生服务农村“改厕”项目，提高农村卫生厕所普及率。

★ 2016年至今

以厕所卫生文化为主，强调“十四五”时期要继续把农村“厕所革命”作为乡村振兴的一项重要工作。

国家、贵州出台了哪些支持农村厕所改造的政策?

我国一直非常重视农村厕所改造工作!

近年来，国家相关部门分别出台了《乡村建设行动实施方案》《农村人居环境整治提升五年行动方案（2021—2025年）》等政策文件，贵州也出台了《贵州省农村厕所革命“十四五”实施方案》等政策文件。

这些扶持政策的重大意义体现在哪几个方面？

国家、贵州出台一系列扶持政策支持农村厕所改造，其意义可以概括为如下四个方面。

★ 给补助

根据农村的经济情况和厕所类型，以先建后补的方式，给每户农民1000~3000元的补助，让他们能够有经济能力新建或改造自己家里的卫生厕所。

用补贴代替奖励，能够大大激发“改厕”的积极性！

★ 给技术

贵州建立了省、市（州）、县（市、区）三级农村“厕所革命”技术服务体系，把新型农村“改厕”技术、污水处理技术的研发纳入科技计划项目，还建立了技术指导员和监督员制度，对要进行“改厕”的农民在厕所选址、施工质量、验收等方面给予指导和监督。

★ 做宣传

贵州通过各种各样的方式，积极广泛宣传“改厕”工作的意义、政策、经验和范例，提高农民群众的认同感和参与度，同时大力普及“改厕”知识，引导农民群众养成良好的卫生习惯。

★ 有考核

贵州把“改厕”工作作为考核乡村振兴战略实绩的重要内容。按照目标责任制、过程监督制、结果评价制的原则，对各地完成情况进行检查和考核，并根据考核结果对其进行奖励或问责。

第二篇

为什么要进行农村“厕所革命”？

为什么“厕所革命”是一件好事？

“小康不小康，关键看老乡；老乡要小康，厕所算一桩。”*

农村旧式厕所大多没有无害化处理设施，气味难闻，又容易传播疾病，严重影响农民群众的生活质量。

因此，解决好这件“烦心事”，对于建设美丽乡村、实现乡村振兴、提升群众健康水平等，都具有重要意义。

* 引自人民网文章《“厕所革命”怎样“好事办好”》。

第二篇

农村旧式厕所带来哪些问题？

农村旧式厕所带来的问题很多，但最严重的，是会破坏农村的生活、生产环境，还会传播疾病。

★ **破坏环境**

旧式厕所不仅臭气熏天，还会导致粪便和污水流入河道、湖泊中，给自然环境带来严重的污染。

★ **传播疾病**

旧式厕所中的病菌等会因为不卫生的如厕习惯及蚊蝇滋生等方式传播，导致人体染上一些疾病。

其实，世界上大部分传染病都是经由粪-口途径传播的，所以，人类粪便污染饮用水源和环境是不容忽视的大问题！

农村旧式厕所带来的环境问题有哪些？

★ 旧式厕所不仅会污染土壤和空气，还会对周围的自然环境和生态系统造成破坏，影响生态平衡和稳定。

★ 旧式厕所里面的粪便和污水要是不加以正确处理，还会流入田塘、小溪、河流、湖泊等水域，给水体带来污染，直接威胁饮用水源、农业灌溉、堤防安全等。

粪便传播的疾病有哪些？

粪便中含有大量的细菌、病毒和寄生虫，可传播多种疾病。

★ **细菌性疾病**：细菌性痢疾、霍乱等。

★ **病毒性疾病**：病毒性肝炎、脊髓灰质炎等。

★ **寄生虫性疾病**：血吸虫病、蛔虫病、绦虫病等。

这些疾病会给人体健康带来严重后果，轻者导致肠胃不适、贫血、营养不良，重者甚至导致死亡!

第二篇

臭气熏天
肠道
寄生虫
细菌性
痢疾
霍乱
臭气熏天
旧式厕所
臭气熏天
脊髓
灰质炎
病毒性
肝炎
臭气熏天

粪便污染引发疾病传播的途径有哪些？

★ **粪便→手→口→疾病**

如果上完厕所后不及时洗手，就很容易得病。

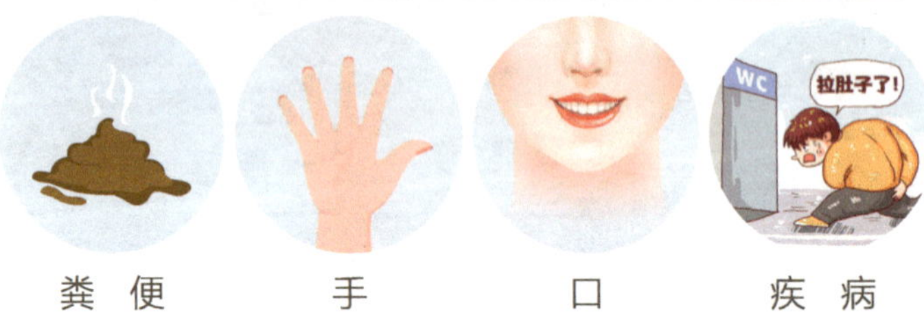

粪　便　　手　　口　　疾　病

★ **粪便→蚊蝇→食物→口→疾病**

如果人吃了被蚊子和苍蝇污染的食物，也很容易得病。

粪　便　　蚊　蝇　　食　物　　口　　疾　病

★ **粪便→土壤→食物→口→疾病**

如果粪便不经过处理，直接拿来施肥，人吃了直接用粪便施肥而产出的食物，会很容易得病。

粪 便 　　土 壤 　　食 物

口 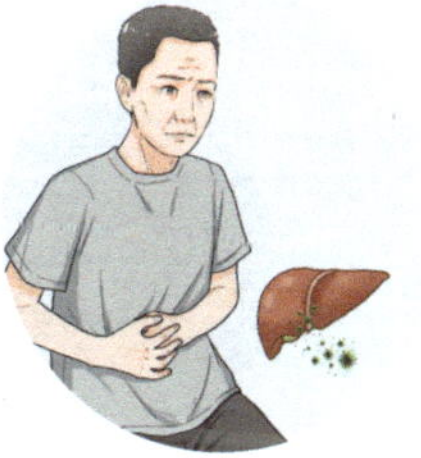　　疾 病

★ 粪便→水→食物→口→疾病

用被粪便污染的水清洗食物，也会传播疾病。

★ 粪便→土壤或水→皮肤→疾病

如果人的皮肤接触到被粪便污染的土壤或水，也很容易得病。

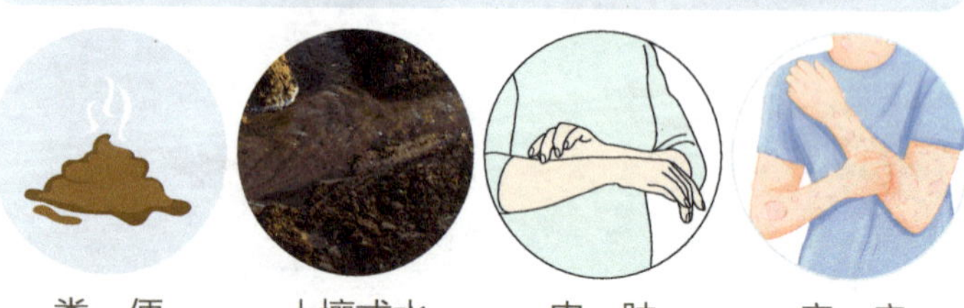

粪　便　　土壤或水　　皮　肤　　疾　病

第三篇

无害化卫生厕所有哪些类型？

无害化卫生厕所的主要类型

无害化卫生厕所有很多类型，我国常见的主要有以下几种：

★ 三格式化粪池厕所。

★ 双坑交替式厕所。

★ 沼气池式生态卫生厕所。

★ 粪尿分集式厕所。

★ 生物填料干式生态厕所。

新型的无害化卫生厕所（如生物填料干式生态厕所等）及装置（如净化槽等）逐渐应用于农村，既提高了无害化卫生厕所的性价比，又能够满足更多人的需求。

贵州常见的“改厕”方式主要有以下 4 种：

★ 三格式化粪池厕所。

★ 双坑交替式厕所。

★ 沼气池式生态卫生厕所。

★ 粪尿分集式厕所。

这些厕所都具备有效处理粪便的功能，能够降低粪便对人类健康和环境的不良影响。

三格式化粪池厕所

农博士，什么是三格式化粪池厕所？这种厕所有什么特点呢？

三格式化粪池厕所是一种利用3个相连的密封化粪池，对粪便进行收集、无害化处理和资源化利用的农村卫生厕所。

它的优点是能有效减少粪便对环境和人体健康的危害，节约水资源，提高肥料利用率，改善农村人居环境；缺点是需要占用一定面积的土地，需要定期清理粪渣，密闭要求相对较高，否则可能产生恶臭及甲烷等有害气体。

在贵州，这一类厕所的特点可以概括为：水冲厕 + 装配式三格化粪池 + 资源化利用。

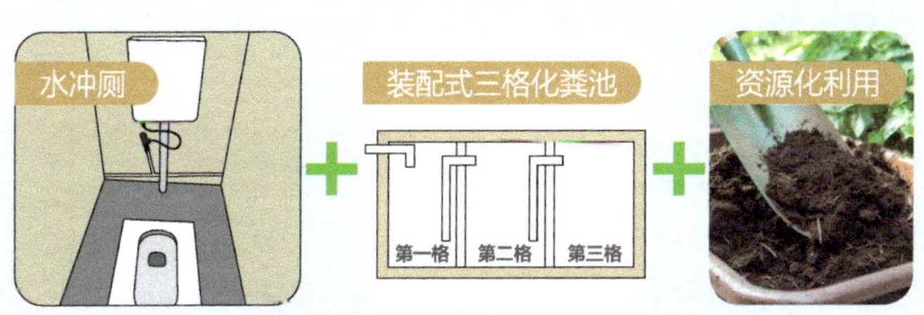

三格式化粪池厕所特点

怎么修建三格式化粪池厕所呢？

这种卫生厕所主要由厕房、蹲坑（或坐便器）、冲洗装置和三格化粪池等组成。粪便排入化粪池后，将会在第一格、第二格化粪池中逐步充分发酵、分解，形成较为稳定的液体粪肥，最后再经过粪管储存在第三格化粪池中。

三格化粪池的作用：

★ 第一格化粪池的作用是收集粪便，让粪便在池内发酵、分解，形成粪皮、粪液和粪渣。

★ 第二格化粪池的作用是进一步发酵粪液，杀灭寄生虫的卵和细菌，提高粪液的肥效。

★ 第三格化粪池的作用是储存粪液，等待清掏和利用。

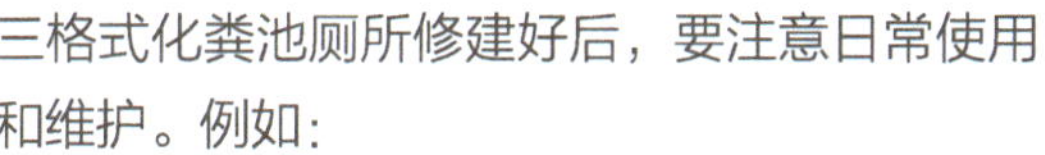

三格式化粪池厕所修建好后，要注意日常使用和维护。例如：

★ 每天均须清扫至少一次厕房。

★ 每个月均须检查第三格化粪池的粪液量。

★ 每半年均须检查第一格、第二格化粪池中的粪皮和粪渣。

★ 每年均须检查化粪池的密封性能和粪液的无害化效果。

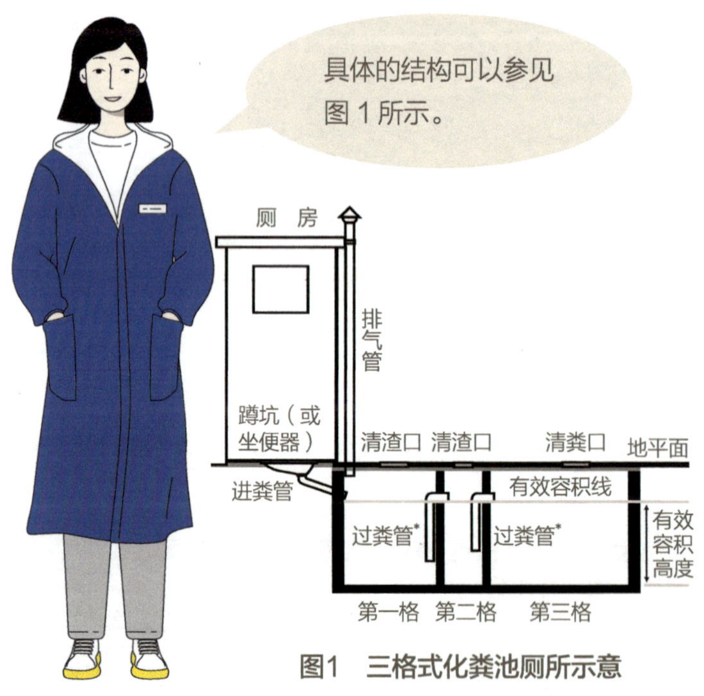

图1　三格式化粪池厕所示意

* 过粪管（通常简称为“粪管”）是三格池格与格之间的连通管。通过安装位置的设定，过粪管可实现“截住粪渣、流过粪水”的作用。

这类卫生厕所主要适用于哪些地区呢？

这种“改厕”方式适用于经济水平尚可，且供水条件较好、地势平坦、土地充足的地区。

在贵州，适用于贵阳、遵义、安顺等地。

贵阳甲秀楼

遵义播州土司城

安顺屯堡

双坑交替式厕所

农博士，您再跟我们讲讲什么是双坑交替式厕所吧，还有它的特点。

双坑交替式厕所将储粪池分为两个坑，安装两个蹲便器，通过交替使用，将人体排泄物分别存放在两个不同的粪坑中。当第一坑粪便积满时，将此坑封闭发酵，做堆肥处理，并启用第二坑；待第二坑粪便储满后，同样封闭发酵，并将第一坑粪便清空使用。如此循环以复使用双坑。

这种卫生厕所的优点是使用方便，能够减少臭味和污染，还能够生产有机肥料；缺点则是需要定期更换粪坑，占地面积大，清理时气味重且臭味难以去除。

怎么修建双坑交替式厕所呢?

双坑交替式厕所由厕房、储粪池、便器、排气管、便器盖板等组成，一般情况下，是通过对原储粪池进行改造来修建的。改造前应采用生石灰等消毒材料对原有储粪池及周围环境进行消毒处理，然后现浇加装了钢筋网片的混凝土。储粪池要等分成两个粪坑，储粪池池底和池壁须做防水处理，储粪池上现浇或预制混凝土盖板（留蹲便器口）。清粪口预留在厕坑后墙，出粪口下沿应高于地面50厘米（1米=100厘米=1000毫米）。各储粪池还需安装独立的排气管。排出的粪尿可用细干土或草木灰覆盖，以吸收水分，实现厌氧发酵，同时杀灭其中的细菌和寄生虫卵。修建过程中要注意每个粪坑的容量、更换周期，以及处理过程中产生的肥料和沼液等。

粪便处理设施可以是沼气池或填埋场等，而尿液收集器可以采用盆式或管式收集器。

具体的结构和尺寸可以参见图2、图3所示。图2中的箭头代表了空气流通方向和粪渣清理方向。

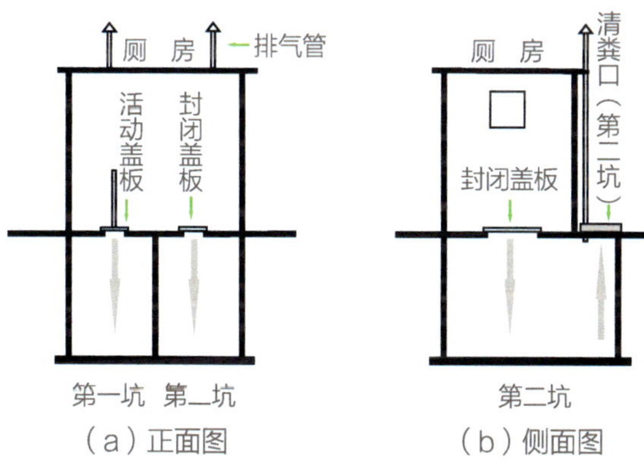

图2　双坑交替式厕所示意

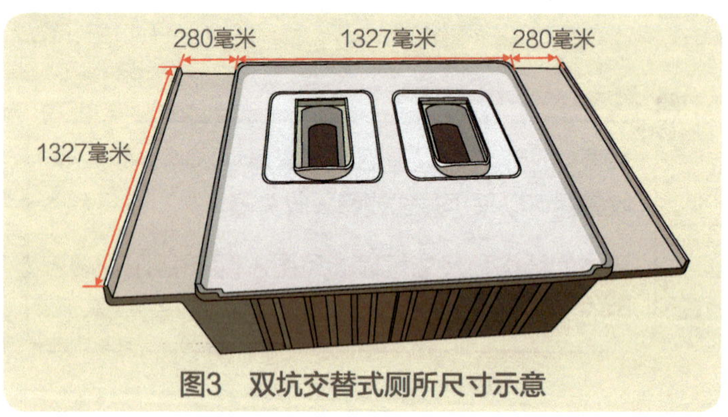

图3　双坑交替式厕所尺寸示意

这种厕所主要适合建造在哪些地方呢?

这种厕所适合修建在供水条件较差、地势平缓、土地充足的地区。

比如贵州的铜仁、毕节、六盘水等地的大部分地区就适合修建这类厕所。

第三篇

铜仁瓦屋侗族乡

毕节百里杜鹃

六盘水乌蒙大草原

沼气池式生态卫生厕所

农博士，请您再跟我们讲讲沼气池式生态卫生厕所和它的特点吧！

沼气池式生态卫生厕所是将厕房、畜圈与沼气池（发酵池）连通，人粪尿、畜禽粪尿等排入沼气池共同发酵产生沼气的厕所，其原理是厌氧发酵。

这类卫生厕所的优点是可以通过生物反应产生沼气，并同时产生沼渣、沼液。沼气可以被收集利用，用途广泛，而沼渣、沼液则可以作为肥料使用。此外，这种厕所只需少量水冲厕，也无须用电，经济效益明显。它的缺点是建造成本高，不适用于寒冷地区，以及需要专业人员维护。

修建这类厕所时需要注意什么呢?

沼气池式生态卫生厕所主要由厕房、沼气池和沼渣、沼液处理设施等组成。修建时，需要注意以下几点:

★ 确保底部基础稳固。
★ 确保管道坚固且不易移位。
★ 发酵间墙壁要能够防漏水、防漏气。
★ 选用合格的建材。
★ 确保活动盖安装严密。
★ 完成后必须进行质量检查。

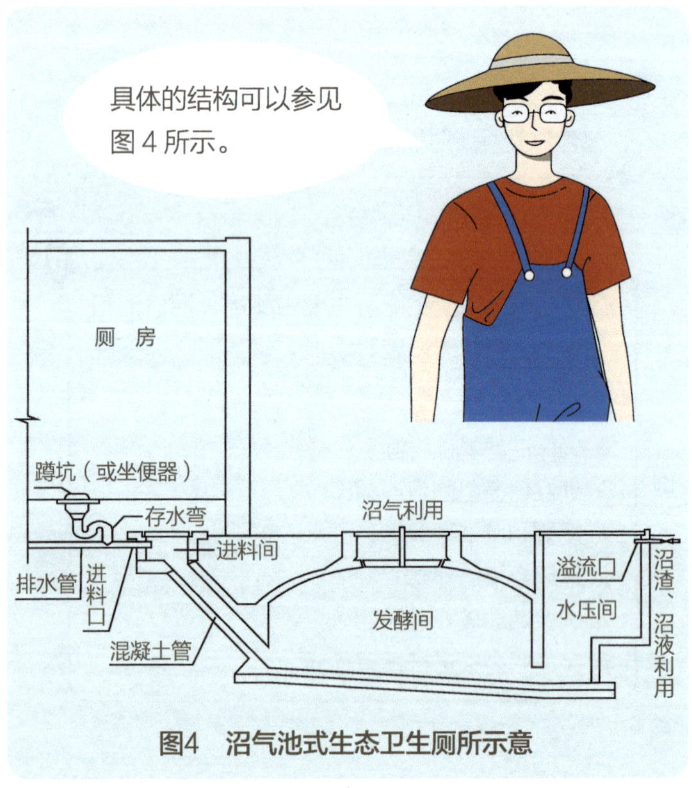

图4　沼气池式生态卫生厕所示意

农博士，这类厕所主要适用于什么地区呢?

这类厕所主要适用于卫生厕所普及率较高、农民收入水平较高、农业产业结构较优、农村人居环境整治目标任务基本完成或已经完成的地区。但是，这类厕所通常修建在已建有沼气池的地区，不建议新建沼气池来配合这类厕所的修建。

比如贵州的贵阳、遵义周边的部分乡村就适合修建这一类厕所。

贵阳青岩古镇

遵义乌江寨

粪尿分集式厕所

农博士，我们还想了解一下：什么是粪尿分集式厕所？这种厕所又有什么特点呢？

粪尿分集式厕所简称分集式厕所，这种卫生厕所采用专用的粪尿分集式便器，将粪便和尿液分别收集到收集器（如储粪池和储尿桶）中。它的特点是可以利用分离后的尿液进行肥料生产，同时还有利于提高排泄物的无害化处理效率。

分集式厕所具有节水、无臭、无害、易清理等优点，可以有效减少粪便对环境的污染，并且可以将处理后的粪尿作为农业肥料使用。

修建粪尿分集式厕所时需要注意什么呢?

粪尿分集式厕所主要由粪尿分集式便器、粪便和尿液收集器、后处理设施等组成。厕所需要具备分离粪便和尿液的功能，而收集器可以采用管式、盆式、桶式、池式收集器。后处理设施包括沼气池、堆肥堆等，用于对收集的粪便和尿液进行处理。

修建时要注意每个收集器的容量和更换周期，以及处理过程中产生的沼气、沼液和肥料等的利用。

具体的构造可以参见图 5 所示。

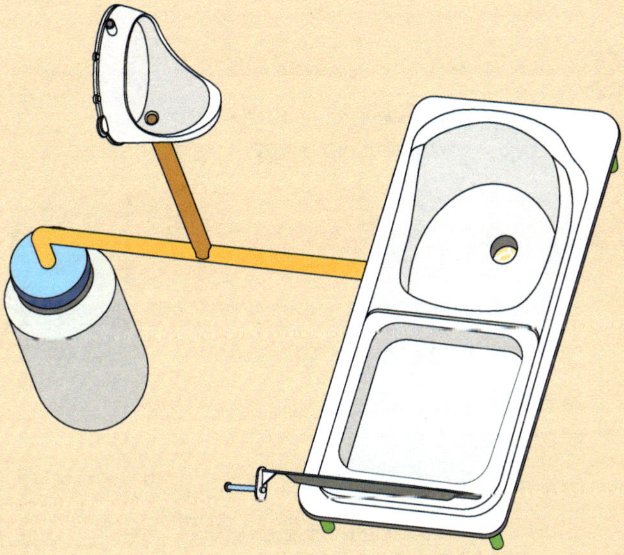

图5　粪尿分集式厕所示意

农博士，听上去这种厕所和双坑交替式厕所有点像，它俩有什么区别呢?

双坑交替式厕所和粪尿分离式厕所的区别主要是：双坑交替式是两个蹲坑一体的，而粪尿分离式有一个专门的分集式便器；双坑交替式更适用于公厕，而粪尿分离式更适合家庭使用。但这两种厕所的原理相似，最大的区别在于便器不同，所以修建时的注意事项也是一样的。

那粪尿分集式厕所又适用于哪些地区呢？

这种“改厕”方式适用于供水条件较差、地势陡峭、土地紧张的地区。

比如在贵州，主要是黔西南、黔东南、黔南等地比较适合修建这类厕所。

生物填料干式生态厕所

农博士，听说有一种叫作生
物填料旱厕的厕所，既能保
护环境，性价比又高，大城
市里都修建有这种厕所哩！
到底它好在哪里，快给我们
说道说道吧！

生物填料旱厕全称为生物填料干式生态厕所，是一种将人类排泄物和干燥材料混合后，利用微生物发酵原理分解粪便中的有机物，进行发酵处理的卫生厕所。

这类厕所采用高活性生物填料替代冲水式化粪池，利用生物填料中菌群的生长繁殖活动对粪便中可利用的大分子有机化合物进行生物降解，吸附、转化粪便中产生的臭味物质。整个工作过程不用水、不产生异味气体、不污染环境，发酵产物（有机肥）不用二次处理即可就近返还土壤，实现了粪便的无害化、资源化处理，达到了零排放、对环境不造成污染的效果。

这类利用微生物技术的厕所，具有低成本、环保和易于维护的优点，而缺点则是需要定期更换干燥材料及清理维护。

听起来这种厕所确实很好啊！可是修建起来麻烦吗？

也不麻烦。生物填料旱厕主要由厕房、干燥材料储存箱、处理设施等组成。干燥材料储存箱的作用是将干燥材料与排泄物混合，并通过微生物反应对排泄物进行分解。处理设施包括消毒剂和堆肥堆等，用于加速排泄物的分解和无害化处理。修建时要注意干燥材料的选择及投入量，以及处理过程中产生的无害化肥料的利用和定期清理等。

农博士，这么好的厕所，咱们村里真能修吗?

放心吧，这种厕所适用于大多数农村地区。它不会造成污染，也不受市政管网、电力设施（可太阳能供电）的影响，可广泛应用于环境条件受限制的地域，如生态廊道、旅游景点、公园、大型会议场地、广场等。

第四篇

怎么做好卫生健康及管理维护？

生活中需要养成哪些良好的卫生习惯？

生活中养成良好的卫生习惯，对于保持身体健康具有非常重要的意义和作用。

勤洗手、勤换衣、勤晒被褥等都能有效地预防疾病，而卫生厕所的使用更是可以减少疾病传播的风险，保护自己和家人的健康。

第四篇

厕所里需要常备哪些清洁工具？

不同类型的厕所需要配备不同的清洁工具，通常需要配备毛刷、墩布、扫帚、卫生纸、纸篓、清洗剂和洗手液等。如果是旱厕，还需要配备灰桶、土筐和干布等。

⚠ 注意：清洁工具绝对不能带入化粪池、沼气池！！！

厕所内有臭味怎么办？

首先，要马上开窗通风，必要的话可以使用风扇通风。

其次，要找出臭味来源并采取措施及时处理，如盖严便器、安装遮味器等，还可以通过喷洒清凉油、花露水、香水或使用活性炭等方法来消除臭味。

最后，平时使用时一定要注意经常冲洗！

如何做好农村公共厕所的长期管护？

要做好农村公共厕所的长期管护，应做到以下几点：

★ **有分工**

建立县、乡、村、组四级网格化管理机制，可以让管护责任更加清晰和明确。

★ **有标准**

对农村公共厕所要树立并达到“七有”（有标识、有标准、有制度、有经费、有监督、有管理、有维护）、“七无”（无蚊、蝇、蟑螂，无明显臭味，无尿碱污物，无粉尘蛛网，无洁具损坏，无垃圾杂物，无积尿、积水、积冰）、“七良好”（采光良好、照明良好、供水良好、排水良好、排污良好、门窗良好、环境良好）的管护标准，这样才能保证卫生和清洁。

★ **有考核**

对日常管护人员要有考核机制，对考核排名靠前的给予奖励。

★ **有宣传**

通过多种渠道宣传，让更多人参与到农村公共厕所的长期管护中来。可以通过组建专业的服务团队，或者推广“以商建厕、以商养厕”的模式，让管护更加到位。

第五篇

如何积极参与农村厕所改造？

农村厕所改造工程取得了哪些成果？未来还有哪些发展前景？

农村厕所改造工程已经在全国范围内取得显著成果，改造了大量旧式的、露天的粪坑式厕所，建造了大量改进型卫生厕所。

随着农村经济社会的发展和国家政策法规的支持，我国将继续推广和普及改进型卫生厕所，为乡村振兴事业及农村地区人们的生活品质改善和社会发展做出更大的贡献。

想积极参与农村厕所改造，该怎么做？

参与厕所改造可是一件很有意义的事情！我们可以从以下几方面来参与：

★ 响应号召

全力支持和配合政府对农村厕所的改造。

★ 学习实践

了解和学习卫生厕所建设和维护的相关知识和技能，同时培养个人和家庭健康的卫生习惯，积极参与到改造工程中来。

★ 参与分享，提出建议

如果有好的想法和建议，一定要分享出来，为卫生厕所的普及和建设贡献自己的智慧和力量，帮助打造更加先进、实用的卫生厕所。

★ 带动乡邻

通过自己的影响力、亲和力，带动周边乡邻一起参与到农村厕所改造工程中来。

这样，我们就可以为改善广大乡亲的生产、生活环境出一份力啦！